楊樹的故事

十二生肖與太歲星的豆子

楊熾　文／圖

中華教育

目錄

1 太歲星的豆子 …… 002
2 子鼠 …… 006
3 丑牛 …… 013
4 寅虎 …… 017
5 卯兔 …… 021
6 辰龍 …… 028
7 巳蛇 …… 032
8 午馬 …… 038
9 未羊 …… 043
10 申猴 …… 048
11 酉雞 …… 054
12 種豆得豆 …… 060
13 戌狗 …… 065
14 亥豬 …… 071
15 结語 …… 081

種瓜得瓜，種豆得豆

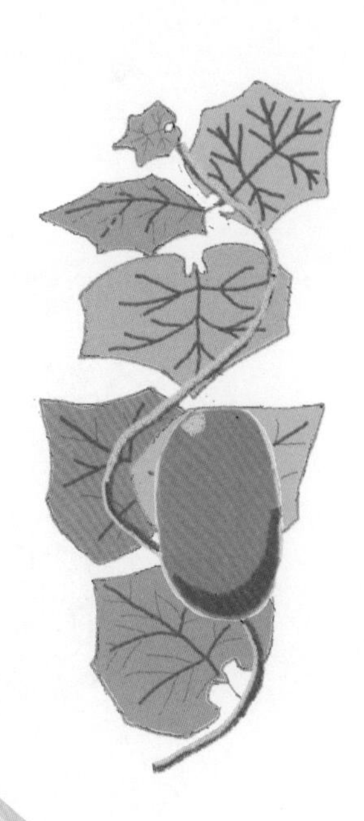

1

太歲星的豆子

太歲星神（就是木星）來到地球，他假裝成一個乞丐，想看看人們有沒有同情心，但是沒有人同情他，沒有人幫助他。他走在街上被人看不起，被人嘲笑，被人罵老瘋子。太歲星生氣了，他去見皇帝，說：

太歲星

「你們國民素質實在是差。
不是一星半點的差。
比貓國差了二點五，
比狗國還差一點八。
成天只知道給你磕頭，
要不就是窩裏打架，

創造能力一點沒有，
真是一群大傻瓜。」

皇帝很敬畏神仙，但太歲星這麼說讓他十分不愉快。於是他皺着眉頭問，「那怎麼辦呢？」

太歲星從袖子裏掏出一粒紅彤彤的豆子，說：

「給你一顆豆兒，
是提高素質的豆兒，
不是素什錦，
也不是紅燒肉。
種在地裏把水澆透，
收了豆子大家都夠。
吃了以後素質提高，
國民個個都優秀。」

皇帝把素質豆鎖進了盒子

皇帝很願意收到太歲星的禮物，可是皇帝不希望國民個個都優秀。太歲星走了以後，他就把素質豆鎖在銅盒子裏了。

太歲星一走就是十二年。這十二年裏發生了宮廷政變；老國王死了。新國王來了，他不知道素質豆的事情。豆子一睡就是十二年。

豆子睡了十二年

2
子鼠

十二年後太歲星又來到地球，他知道了老皇帝對豆子的態度，就不再去找新皇帝了。這回他在垃圾堆旁的牆角找了一隻小老鼠，這隻老鼠名叫「子鼠」。太歲星決定找子鼠，是因為他要偷回那粒豆子，而偷糧食正是子鼠的拿手好戲。

太歲星來到鼠洞口，子鼠從洞口裏探出半個頭，上下好好看了看太歲星，看他是不是一隻貓，一個老鼠夾子，或是別的危險的東西。還好，他不像。太歲星像個快活的老瘋子。子鼠知道，快樂的人一般是沒有危險的。

子鼠從洞裏探出頭

太歲星說，「給你一個使命。」

子鼠是個小偷，主要偷吃的，這些都是小打小鬧。他從沒聽說過「使命」這種高尚的詞彙，只知道「屎」是臭的，那麼「屎命」肯定不怎麼樣，於是他說：「您別了。我的命已經夠臭的了。再『屎』我就不得翻身了。」

這隻小老鼠有自己的想法

太歲星對子鼠的回答挺滿意：這隻老鼠有自己的想法，而且思考還挺有邏輯。這就是素質的種子。

太歲星換了一個說法：

「我給你一個任務：皇宮裏有一個寶物，是一顆豆子。你去把它偷出來，種上，會有神奇的結果。你的命運也能從『屎命』改成『大米命』。」

子鼠想了想說，「香大米。」

太歲星說，「行。比最好的香大米還好，我讓你掌握自己的命運。」

子鼠覺得這很值得，就說：「行啊，說話算話。」

到了晚上，子鼠溜進了儲藏室，找到了那個銅盒子。他爬到盒子上面貼着縫兒聞了聞，嗯，有很香的豆味兒。可盒子鎖着，豆子拿不出來。

平時子鼠偷糧食，糧食大多裝在口袋裏，只要解開袋口或者把它們咬破，就可以了。可是銅盒子有

還得想別的辦法！

鎖，打不開也咬不動，還得想別的辦法。子鼠想，那就得讓人拿鑰匙開了盒子，我再偷。我得製造一個讓人開盒子的理由。怎麼做呢？子鼠沿着盒蓋縫兒撒了一大泡尿，還拉了屎。

從盒子上下來，子鼠下一步就是通知倉庫管理員：我在這拉屎撒尿了，裏面的寶貝要壞了，快打開看看吧！如果不讓管理員知道這事，他不開盒子，我不就白做了？隔壁就是倉庫管理員睡覺的地方，子鼠就到門口去使勁吱吱叫，不管用；學貓叫，不管用；學狗叫，不管用。管理員就是不醒。

子鼠爬到架子最上面，那裏有一疊金碗，子鼠兩條腿蹬着牆，兩隻手一推，就把一疊金碗都推到地上了。咣噹，咣噹，咕嚕咕嚕，咣咣咣！這回把管理員吵醒了。管理員到儲藏室一看，金碗掉了一地；銅盒子上有老鼠屎，原來是鬧耗子啦！子鼠躲在櫃子底下，心想：這回豆子肯定能到手了。

兩條腿蹬着牆

子鼠把金碗推到地上

第二天早上倉庫管理員向大臣匯報：儲藏室鬧耗子了，放珍貴寶物的銅盒子上讓老鼠拉了屎尿，裏面的東西可能被老鼠尿泡壞了，還是拿出來曬曬吧。於是大臣找來了鑰匙，打開了銅盒，一看，呵，原來裏面有一粒豆子。也不知道有甚麼特別的，反正是先王留下來的，那就曬曬吧。就放在窗台上曬。這一曬，子鼠就上去給拿走了。

子鼠趁沒人看到，拿走了豆子

3
丑牛

子鼠不會種豆子，他去找丑牛。丑牛在牛棚裏，人們為了讓她多產奶給皇宮裏的人喝，把她的小牛抓走了。丑牛眼淚汪汪，很想自己的孩子。

子鼠爬上欄杆，說：「聽說你丑牛會種田，而且非常勤勞。跟我到郊外去種豆子吧！」

丑牛是頭黑白花奶牛，她根本不會種田。

跟我到郊外種豆子吧！

丑牛說：

「我過去非常勤勞，

生了很多寶寶。

都在我身邊吃奶，

從來不亂跑。

忽然他們被帶走，
我的寶貝兒很餓！
我的奶水多多，
可憐我寶貝沒得喝！」

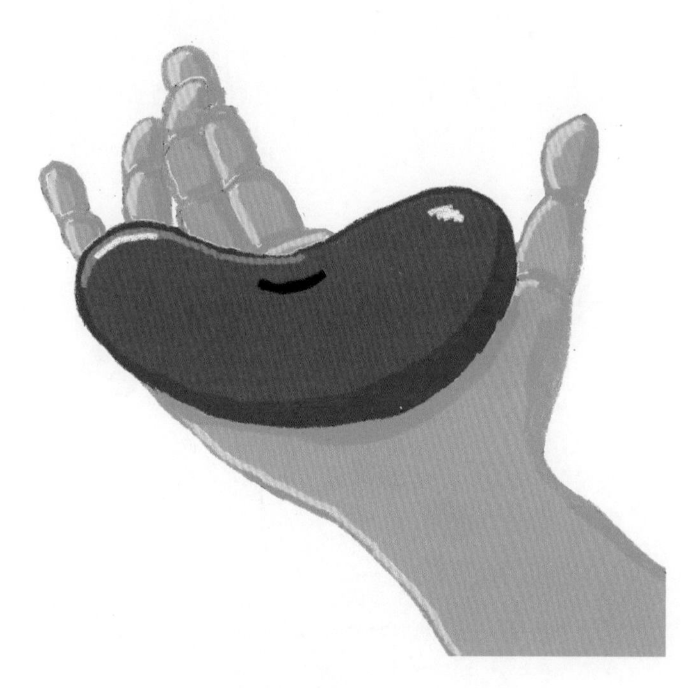

子鼠給丑牛看豆子

子鼠說：「你真可憐啊！想知道怎麼改變命運嗎？這就是辦法。」他就給丑牛看那顆豆子：「我把拴你的繩子咬斷，你跟我到城外種豆子去吧。這顆豆子有魔法。等種完豆子，你願意生多少小牛就生多少小牛，願意成天餵他們奶吃，就成天餵，沒人再把他們領走。走吧！」

子鼠把丑牛帶到郊外，丑牛一路走一路說：「哞，誰喝牛奶？最新鮮的牛奶！最有營養的牛奶！」

你願意生多少小牛就生多少

4

寅虎

因為皇帝要虎皮毯子，還要虎骨做藥，寅虎才一個月大，他的媽媽就被獵人打死了。獵人來的時候寅虎命大，湊巧滾到一條小溝裏，那裏的落葉蓋住他，把他藏了起來。獵人走了，寅虎爬出來，媽媽呢？從此沒有了。

小孤兒寅虎躲在灌木叢裏，餓得要死。他忽然聽說有奶喝，馬上爬起來，順着風中的味兒，找到了丑牛的奶頭。

寅虎喝了個腸滿肚圓。丑牛也很高興：「哞，誰家的小花牛啊？真是萌萌噠。給我當兒子吧！」

順着牛奶味找到乳頭

寅虎很願意有媽媽，雖然這個媽媽氣味不一樣，他一邊喝奶一邊說：「哞，嗚盧嗚盧，媽媽。」

寅虎喝飽了，就到草地裏去跳。他在草地裏看見一隻卯兔，一蹦一跳的很好玩。寅虎說：「跟我玩！」

卯兔見過世面，她看這是隻還不會打獵的小老虎，就跑到樹樁上，站直了，呲出兩個大門牙，瞪圓了她的紅眼睛嚇唬寅虎。寅虎一看以為是妖怪，趕緊躲到丑牛的大奶子後面。「媽媽！妖怪！」

丑牛不高興地看了卯兔一眼：「別嚇唬我家小花牛。你多大，他多大？」

媽媽！是妖怪！

卯兔對丑牛說：「他是老虎！你可能沒見過，但我知道，他長大就會吃掉你！」

丑牛說：「哞，這是我的寶貝兒子小花牛，你不要胡說。」

寅虎站到丑牛前面，生氣地對卯兔說：「哞，我原來的媽媽被獵人打死了，好不容易又有了一個新媽媽。不許你嚇唬我媽媽，啊嗚！」

不許嚇唬我媽媽！

5
卯兔

子鼠把手掌張開，給卯兔看那顆豆子：「你會挖洞，給我挖一個小坑。我要把這個豆子種下去。它有魔法。」

卯兔把豆子拿在手裏，從各種角度看這顆豆子，「可惜不是金的。」

子鼠說：「金豆子不會發芽，也不能吃，你要它幹嗎？」

卯兔理理她的鬍子：「金豆子好看。我要是有很多金豆子，就串起來掛在脖子上。」

子鼠說：「這是活的，比金的好。」

可惜不是金豆子

卯兔說：「嗯，我幫你種，我能有甚麼好處？」

子鼠說：「這顆豆子有魔法，長大了能改變我們的命運。你現在被獵狗追得整天不得安寧，也許命運改變後，就可以在草地上安全地遊戲了。」

卯兔想了想覺得還不錯。她決定幫子鼠這個忙，反正也不太麻煩。

寅虎在丑牛奶子後面藏了一會兒，覺得沒有危險了，就出來看。他看見子鼠在和卯兔說話，卯兔好像不是妖怪。寅虎覺得她是個可以一起玩的小夥伴，於是決定跳過去，給卯兔一個大大的驚喜。

卯兔正要把豆子還給子鼠，好騰出手來挖坑，被寅虎嚇了一大跳，豆子就從手裏飛了出去，掉進了一個石頭縫。寅虎毛茸茸的大臉貼到兔子臉上：「跟我玩！」

子鼠看了看這個石頭縫兒，縫兒很深。他伸手進去夠了夠，夠不着豆子。丑牛、寅虎、卯兔都擠過去看這個縫兒。寅虎抓着卯兔，給卯兔一個大笑臉：「跟我玩！」

卯兔瞪了他一眼：「豆子沒了，都賴你！」

卯兔指着石頭縫跟子鼠說：「扔點土埋上，沒準也能長。不是有魔法嗎？」

子鼠說：「那不行。要想長大，土必須得好，而且要深深埋在地裏。」他問丑牛：「對吧？」

丑牛笑瞇瞇地看着寅虎，根本沒聽見他問甚麼，「哞。」

寅虎奶喝多了，忽然想撒尿。一大泡尿就流進了

寅虎撒了一大泡尿

寅虎把卯兔壓在肚子下面

石頭縫兒，裝滿了，漫出來，豆子漂在上面，就從石頭縫兒裏出來了。

丑牛很得意：「看我家小花牛！這尿尿得！這不，豆子出來了。他還幫你浸種了，豆子浸種以後皮變軟了，發芽快。」

趁卯兔正發呆，寅虎忽然跳到她身上，把她整個壓在肚子下面了。

丑牛覺得寅虎玩的有點過分了，「花牛！你別欺負小兔兔！你多大，她多大？」

卯兔一點兒也不喜歡被壓在一大堆虎毛下面。她立刻開始挖地洞。不一會兒，就鑽到地下去了。

寅虎覺得肚子下面沒動靜了，挪開一看，呃？一個洞？兔兔哪兒去了？

子鼠小心地捏起這粒泡了虎尿的豆子，也找卯兔。卯兔從大樹後面探出頭來：「老虎走了嗎？」

子鼠指着相反方向對寅虎說：「卯兔上那邊去啦！你快去追吧。」寅虎就跑了，丑牛跟着他。

子鼠過去找卯兔，「這兒樹下沒有野草，還有一大堆落葉可以作肥料，咱們把豆子種這兒好不好？」

卯兔說：「不行，大樹底下又沒陽光，又沒雨水，連野草都不長，肯定不是好地方。」

卯兔找了有陽光有野草的地方，把草刨了，把地鬆了，把豆子種上了。她拍實了土說：「種完了得澆水。你到河邊去找水吧。」

卯兔把豆子埋好了

6
辰龍

在河邊沙灘上，子鼠找到辰龍。「辰龍爺爺，我們種了一顆豆子，您下點雨來給豆子澆水吧！」

辰龍老了，懶得動：「甚麼豆子？」

「是一粒有魔法的豆子。一個鬍子神仙讓我種的，他像個快樂的老瘋子，不會是壞人。來吧，幫幫忙！說不定豆子長出來有返老還童的魔法呢？」

辰龍伸了個懶腰：「嗯，那是太歲星。他在天上的時候是木星，在土裏的時候像個蘑菇。過去誰敢在太歲頭上動土？那時候山清水秀，可是現在你看這水和垃圾，人人都在太歲頭上動土！」他細長的指頭對着河擺了擺，河上漂着條死魚。

「這條河需要返老還童，我不需要。我老了，就希望孫子們能在乾淨水裏游泳。」

子鼠說：「我們種下太歲星要我們種的豆子，不是在太歲頭上動土。您幫忙下點雨吧，也許豆子長出來，這環境就能返老還童呢？」

辰龍長長地歎了口氣，子鼠等着他。「好吧，那就下吧。你要在哪兒下雨，下多少？」

子鼠指着他身後的荒地說：「就在那邊下，要下透。要透透的。」

辰龍把爪子伸到嘴裏，帶着很多口水，掏出來一個像夜明珠一樣的藍球球，用顫顫巍巍的爪子往子鼠身後一扔，壞了，沒扔好，扔他自己身後去了。他身後下起了毛毛細雨。

辰龍又把爪子伸到嘴裏，帶着很多口水，又掏出一個藍球球，又用顫顫巍巍的爪子往子鼠身後一扔，壞了，扔子鼠身上了。一個大浪把子鼠沖出去好遠，最後因為後腿掛在一棵灌木上了，他才停下來。濕淋淋的子鼠趟着水回到辰龍身邊，「您別着急，慢慢扔。」

第三次辰龍扔對了地方，一場瓢潑大雨下了起來。過了一會兒，雨還不停。子鼠着急了：「辰龍爺爺！快讓雨停吧，要不一會兒把豆子沖走了。」

藍球球扔到身後去了

辰龍用爪子在天上一抓，把雨水抓住，重新變成一個小藍球球，扔嘴裏了。

子鼠鬆了一口氣：「謝謝辰龍爺爺！」

他回去看豆子，豆子發芽了。

7
巳蛇

這棵豆芽很不平常。她長得很快。平常植物在我們看來是不動的，可是她因為不停地長，所以一直在動。你剛才看她還是兩片葉，一回頭再看已經是四片

這棵豆芽很不平常

豆苗說：我有毒！

葉了。子鼠盯着她心裏納悶：她是妖怪嗎？

草叢裏游來一條巳蛇。她伸出頭去想咬這棵鮮靈的豆苗。豆苗說：「我有毒！」

巳蛇嚇了一跳，縮回去說：「哦，我也有毒。呵呵，有毒好！有毒才能自衛。我以為你是仙草呢。」

豆苗扭扭腰說：「就算是仙草，你也不能現在吃我啊。你得等我長大結子。」

子鼠說：「你要長多大呢？你現在已經不小啦。」

這棵豆子真麻煩！

豆苗這時已經比丑牛還高了，而且已經有三頭六臂，一百多片葉子，她婀娜多姿地說：「能長多大，就長多大。我需要肥料。要馬糞。」

巳蛇說：「為甚麼一定要馬糞呢？我們這兒有牛糞，你來點牛糞吧？怎麼樣？不行？還有虎糞，有兔糞，有老鼠屎，還不行嗎？」

豆苗矯情地扭了扭：「嗯——嗯，不嘛！我就要馬糞！」

「這麼挑食！到哪裏給你找馬糞呀！」

豆苗指着不遠處：「你們看，那邊就有匹白馬！」

巳蛇爬到豆苗高處一看，果然有匹白馬。她從豆苗上下來，嘟囔道：「從沒見過這種比公主還難伺候的豆子。就算有馬，他也不一定願意過來拉屎給你。」

子鼠說：「你去求白馬幫忙吧！」

巳蛇歎了口氣：「嗨，

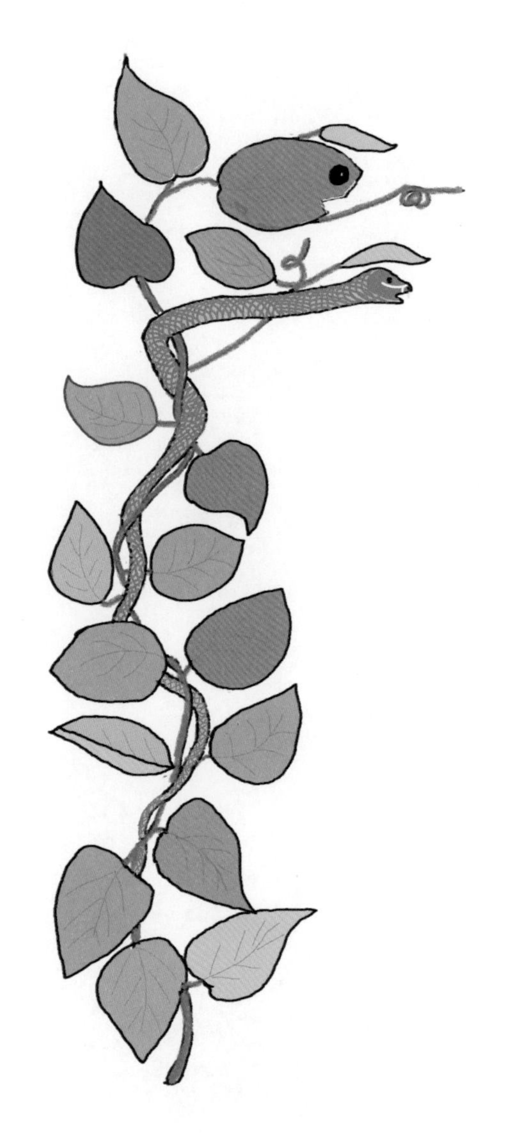

那兒有匹馬！

我天生怕人，哪裏敢找陌生人說話。白馬王子也不會喜歡我這種灰姑娘，我沒有腳，穿不了水晶鞋。再說馬可厲害了，他一腳就能踩死我。平時聽到馬跑來的聲音，我早就躲得遠遠的。不行不行！」

子鼠說：「那就別跑到他腳下。你得想個行動計劃。你希望有朋友嗎？你幫我做這件事，帶白馬過來，我就永遠是你的朋友。這棵豆子雖然麻煩，卻有可能改變我們的命運。就像現在，你有了我這個朋

我連腳都沒有

友，就好過一個都沒有。我們倆的命運已經比從前好了。你幫豆子長大，等她結子，我們的命運會變得更好。」

巳蛇想了想：「你說的也有道理。可我真的不行。大家都有手有腳，我除了毒牙還有甚麼呢？我也不漂亮。白馬根本不會聽我說話。」

子鼠說：「沒關係，只要你有頭腦。每個動物都各有長處。我覺得想要把馬帶來，你比我有辦法。」

巳蛇第一次聽到有人讚美自己，馬上覺得心情好多了：「好吧，光在這裏抱怨也沒用，我就去試試吧。」

8

午馬

巳蛇在附近的草地上見到午馬。巳蛇爬到樹上，藏在樹葉後面，假裝一隻鳥：「啾啾，大白馬，你真帥！我們那邊需要你幫忙，能過去一趟嗎？」

午馬聽了樹上「鳥」誇他，很得意：「我帥吧？我還跑得很快呢！馬拉松鼠我也第一，一百隻松鼠都拉不過我。我還會跨欄！三百米第一。我還會跳舞！你見過馬跳舞嗎？好看！他們都說我多才多藝。你們需要我幫甚麼忙啊？是給皇后送信嗎？我最喜歡給皇后送信，到了皇后面前我就行一個優雅的屈膝禮。讓公主騎着跳舞也行，不過公主必須經過訓練。我是經過

他們都說我多才多藝

訓練的。我跳舞考過四級。四級最高。」

他一口氣說了自己這麼多優點。巳蛇聽了，差點背過氣去從樹上掉下來。

「都不是，我們只是需要一些馬糞。我們種了一棵神奇的豆子，她說她需要馬糞作肥料。」想了想，巳蛇又補充說：「而且，而且，必須是一匹最最聰明，多才多藝，長得高高大大的白馬王子的糞！」

午馬氣到鼻子冒火

午馬聽了這話，氣得從鼻孔裏噴出很多怒火。「你們把我當甚麼了？！我不是一個能走路的糞筐！我是為皇后送信的，我絕不會過去為一棵破豆子拉屎！」

巳蛇一看說好話沒有成功，那就只好動手吧，可惜她沒有手。她從樹上悄悄滑下來，一個激靈像箭一樣飛到午馬背上，然後嗖嗖嗖，嗖嗖嗖幾下，就把自己的身體像馬韁繩一樣纏馬頭上了。

午馬被蛇咬過，從此見到草繩都怕。現在被蛇纏住，他毛骨悚然，忘了生氣，只好乖乖跟着巳蛇走。到了豆苗跟前，午馬很震驚：「喔，這豆子長的！真不是一般的豆子！」

午馬嚇壞了，乖乖跟着巳蛇走

巳蛇說：「就在這兒拉吧。這裏很隱蔽，沒人看着。雖然這棵豆苗吃馬糞，她好歹也算個公主。」午馬就拉了一大堆馬糞。他想，「不管怎麼說，我這也算一個才能吧，有公主似的豆苗欣賞。就是不太好意思給別人介紹。」

豆子吃到馬糞十分滿意。她嫵媚地撫摸着午馬的鬃毛：「你可以去給皇后送信，陪公主跳舞，去賽跑，去吃草地上最嫩的草，喝最甜美的山泉，愛幹甚麼就幹甚麼，可是每天一定準時回來給我馬糞喲，我等着你。」

拉屎也是才能

9
未羊

豆苗有了馬糞肥，長得更加快，可是周圍的野草也長起來了。它們也想搶馬糞吃。子鼠去找能除草的動物，走了不遠，就碰見了一群綿羊。她們全是白臉的，只有一隻是黑臉的，她叫未羊。未羊吃草吃得很徹底，連草根都拔出來帶着土吃掉了。子鼠看她吃過的地方，就過去找未羊，可是未羊很喜歡藏在羊群中間，不讓找到。好在子鼠很小，未羊以為他走了，不再躲藏，結果就被找到了。子鼠說：「嘿，羊姐姐，我說你哪，你別看別的羊，我找的就是你。」

只有你的臉是黑的

「為甚麼是我呢？我太平常了，我一點才能都沒有。你為甚麼找我呢？」

子鼠說：「你不平常。羊群裏別的羊都是白臉的，只有你是黑的，一眼就能挑出來。而且我仔細看了，你吃草吃得最乾淨。你肯定有很多自己都不知道的本事。你跟我來吧，有事兒求你幫忙。」

子鼠把未羊領到豆苗下面，說：「麻煩你，未羊姐姐，你就別到別處去吃草了，就在這附近吃吧。我們希望把野草除乾淨，讓這棵豆子長得大大的。」

未羊抬頭一看，「喔！我還以為是在樹底下呢，這顆豆子可不平常。行，我在哪兒都是吃。在一棵不平常的豆苗下面吃草，沒準我也能變得不平常一點呢。」

豆苗長得好幾米長了，可是她的主幹還是又細又軟，立不起來。她對未羊說：「我需要一個架子。你能給我搭一個架子嗎？」

未羊滿臉惶恐，「哎呀，這個我不會。我沒有甚麼才能。我給你叫人去吧。」

未羊滿臉惶恐

豆苗說：「你千萬不能把皇宮的人帶來，他們會把我殺死的。你去給我找一個長着人手的動物來吧。」

未羊膽小怕事，心裏嘀咕，來找子鼠商量：「這個豆苗是不是妖怪？她說皇宮裏的人要來殺她。她還說要我找一個長人手的動物來給她搭架子。有那樣的動物嗎？」

猴子有人一樣的手

子鼠說：「有啊。猴子就有人一樣的手。猴子就能搭架子。要說她是妖怪嘛，我心裏曾經也懷疑過。不過是一個白鬍子老神仙叫我種的豆子。他可是好人模樣，還說種這棵豆子能改善咱們大家的命運呢。」

未羊說：「哦，你這麼說我就放心了。我這個羊膽小，最沒出息。」

子鼠說：「羊姐姐，你把草除乾淨，就已經很了不起了。如果你能再找一隻猴子來，說服他給我們搭個架子，你就是最最有本事的羊了。」

未羊聽了這話，心裏美滋滋的：「真的呀？」她決定想方設法找隻猴子來。

未羊心裏美滋滋的

10
申猴

未羊找到一隻小猴，他叫申猴。未羊說：「來給神奇的豆子搭架子吧，好讓她往上爬。」

申猴在藤蘿上盪着鞦韆說，「是幹活兒嗎？我不去。幹活兒沒意思。我要玩！」

未羊馬上藏到一棵樹後面，假裝是另外一隻羊，露出半個臉：「來跟我玩俘虜大妖怪吧！」她把頭一歪，一隻眉毛抬起來，「好玩！」

申猴從藤蘿上滑下來，騎在未羊背上：「好啊！在哪兒？」

到了豆苗下面，未羊用嘴指指東邊的一棵大樹，又指指西邊的一棵大樹，小聲說：「這兩棵樹是兩個大妖怪，咱們倆先用一條長長的藤條把這兩棵樹拴住，省得它倆跑了。」

那是個大妖怪

把豆蔓掛起來

申猴也小聲說，「好！我拴結實了它們，誰也別想跑！」

兩棵樹之間拴好了大藤條，未羊說：「這棵豆苗是一個小妖怪，她可不老實了。你看她老動！咱們倆得把她每個胳膊都拴在上面那根大藤條上，吊起來。看她還往哪兒跑！」

未羊用嘴小心地把豆苗的枝條一根一根撿起來，遞給申猴。申猴把一條條細藤條拴在粗藤條上，垂下來，再把豆苗拴上。他上上下下，盪來盪去，像蜘蛛結網一樣忙。他用他靈巧的小手每打一個結，就快樂地唱道：

我的小手靈活，
打結拴住妖魔。
你這狡猾的豆苗，
看你往哪兒逃！
看你往哪兒逃！
看你往哪兒逃！
你這狡猾的豆苗，
看你往哪兒逃！

豆苗喜歡申猴的歌

豆苗也喜歡這首歌。她隨着申猴的節奏舞動，不時地用葉子撫摸申猴的腦門子一下。

豆苗栓好了，申猴對未羊說：「真好玩！還有甚麼遊戲？你陪我玩吧！」

未羊說：「好呀，好呀，你騎在我背上，我們玩騎馬打仗吧。你得找個武器，還要用樹葉子做一身鎧甲。」

他們就折了些細樹枝，未羊給申猴大俠做了一身鎧甲，申猴撿了根木棍假裝是長矛。然後他們在小樹林裏跑來跑去，打了一場「大戰」，然後這兩個「勝利者」就坐在豆苗的綠蔭下睡了一覺。

騎着羊去打仗！

11
西雞

豆苗有了支撐，能吸收更多陽光，她向四面八方伸展開去。這時一群毛毛蟲來了，牠們發現豆苗的葉子很好吃，就順着主幹爬上來了。豆苗驚呼：「哦！蟲子來了！我最怕蟲子！牠們要把我噁心死了！救救我！」

哦！蟲子來了！

子鼠聽到了，他問：「你不是跟巳蛇說你有毒嗎？怎麼怕毛毛蟲呢？」

「我那是騙她。毛毛蟲可不好騙。牠們一看就知道甚麼葉子能吃。」

子鼠說：「那你等着，我去給你叫一隻鳥來吃蟲子！」

不找的時候鳥很多。需要牠們了，就一隻都不見了。子鼠在草地上碰到正在練鐵公雞三項的酉雞。酉雞滿身肌肉，他對鐵公雞三項比賽很重視，每天認真

兇大雞、公二頭雞和公三頭雞

地練習跑、跳和飛。而且這個比賽之後，他還準備去參加健美大賽，挑戰去年的前三名：兇大雞、公二頭雞和公三頭雞。

子鼠對他說：「嘿，酉雞！來吃蟲子吧！」

酉雞用鷹一樣的眼睛看了子鼠一眼，「甚麼蟲子？」

「呃，肉蟲子。好吃的肉蟲子。」

「是有機的，綠色的嗎？」

「沒錯，絕對安全。瘦肉型的。」

「在哪兒？」

「在豆苗上。」見酉雞有些猶豫，子鼠補充說：「這棵豆子是神仙給的種子，我從皇宮裏拿出來的，寅虎泡的種，卯兔種的，辰龍澆的水，午馬施的肥，未羊除的草，申猴搭的架，我們希望她能健康長成，結出豆子來大家吃。她有魔法，結的豆子能改變我們大家的命運。」

要健美得吃有機食品

酉雞說：「明白了，專業除蟲就是我。改變命運，我要贏這次鐵公雞三項，去年運氣太壞；今年我該時來運轉。這時候來的這個豆子就是我的好兆頭。」於是他就飛到豆苗上，站穩了，毛毛蟲爬上來一個，他就吃掉一個，爬上來兩個，他就吃掉一雙。毛蟲都吃光了，酉雞的雞嗉子也鼓得像個足球。豆苗支撐不住他，他就掉在地上，半天不能動。

酉雞打了一個嗝，心想：「這可不行。我剛減了肥，準備練鐵公雞三項，這一頓毛蟲大餐搞得我前功盡棄，體重增加了一倍。我得鍛煉去。」

酉雞撐到打嗝

我得鍛煉去

酉雞往去皇宮的路上奔跑，跑幾步撲騰幾下翅膀，勉強能飛起來半尺。他停下來，打一個嗝，拉一泡屎，再跑，再飛，這回離地飛起來了一尺。就這樣跑跑停停，停停跑跑，酉雞終於飛到了皇宮牆頭上。他決定在這裏休息一會兒。

12 種豆得豆

豆苗有了水，有了肥，鋤了草，有了能爬的網，除了蟲，很健康。她向四面八方蔓延過去。在很多地方，碰到有好土，她還扎下了新的根。她開了美麗的花，長了嫩嫩的豆莢，再有半個月就會結豆子了。

美麗的豆苗包圍了皇宮

皇帝找道士來商量

只有城牆圍着的皇宮裏沒有豆子美麗的枝條。可是就連皇帝也聽說了，野外有一棵豆子，已經蔓延到全世界了。皇帝叫來了老道士，商量怎麼對付這個妖怪。

老道說，「陛下，這棵豆子必須在她結豆子之前消滅。她結的豆子如果被老百姓吃了，他們的心竅就會打開。那是非常危險的，絕對不能容忍的。」

皇帝問，「如果他們的心竅打開了，會怎麼樣呢？」

老道說：「陛下，現在老百姓都說：

『謝謝皇帝，
讓我種地，
讓我吃飽，
能活下去。
萬歲萬歲！
我的皇帝！』

萬歲萬歲，我的皇帝！

如果他們吃了這個豆子，他們就會說：

『我開的地，
我種的米，
誰要拿走，
我不饒你！
我做甚麼，
由我自己。』」

我做甚麼，由我自己

皇帝聽了，驚恐萬分：「啊？那還得了？」

老道說：「陛下，趕在結豆子之前趕緊把豆苗滅了吧！晚了老百姓就不好騙了。」

酉雞在牆頭聽到了這些話。他想：啊，原來這棵豆子是這麼回事，我得保護這棵豆秧。

得保護豆秧

13

戌狗

酉雞到皇宮牆外狗窩去找戌狗。戌狗很高興酉雞來看他，因為他被繩子拴着，又餓又渴又寂寞。

戌狗很寂寞

酉雞說：「跟我到野外去當狼吧！我們種了一棵豆子，皇帝要派人去破壞。保護豆秧我們正需要你。」

戌狗聽了不高興，說：「皇帝派人每天餵我，我必須為皇帝看家。做狗要忠誠，皇帝就像我的父親，我絕不會背叛他！走開，你這隻討厭的雞！」

走開，你這隻討厭的雞！

酉雞說：「你把皇帝當成父親，我問你，他把你當兒子嗎？皇帝的兒子們睡暖牀，蓋軟被，你睡狗窩。」

戌狗說：「我起碼有狗窩，你還沒有呢！別挑撥離間！」

酉雞說：「皇帝的兒子們吃山珍海味，你啃骨頭，他把你當兒子了嗎？」

戌狗說：「起碼我每天有人餵，多點少點我不在乎。你在野外還得自己找東西吃，找不到的時候，還不是餓着？！」

酉雞說：「皇帝的兒子們想娶幾個老婆就娶幾個，你有一個伴兒嗎？皇帝如果是你爸爸，他能不知道你多寂寞？他把你拴在這裏，你說你這是當兒子，還是做奴隸？」

戌狗不說話了。他不在乎自己吃的睡的，可他真心希望有個朋友。沒有朋友，他活得一點兒樂趣都沒有了。

酉雞說：

「你本一條狼，
不用別人養。
想上哪兒就上哪兒，
不用跟人商量。
現在變成奴才，
眼睛沒了光，
你的皇帝老爹，
早晚殺了你熬湯。
原野風吹草低，
母狼等待着你。
挺起胸來跟我走！
別讓我看你不起！」

母狼等待着你

戍狗聽說母狼，彷彿已經能聞到她的香氣。回憶起小時候在原野上做狼的生活，馬上咬斷繩子，跟酉雞走了。他們倆趕到豆秧下面，正好趕上皇宮裏派來的一個園丁在拉扯豆秧。戍狗上去一口，扯掉了園丁的褲子，園丁提着褲子掉頭就跑，一直跑回皇宮去了。

戌狗精神大長，問酉雞母狼在哪裏。酉雞說：「你別着急，皇宮肯定不會就這麼完了，這棵豆子對他們來說可是重要，他們肯定會派兵來，而且不會是一人。你一條狗打他們不過，咱們還得增加保衛力量。」

子鼠說：「這附近沒有狼，也沒有大老虎，咱們找誰幫忙？」

戌狗說：「我有一個好朋友亥豬。我去請他！」說完就風一樣跑到豬圈去了。

戌狗精神大長

14
亥豬

不一會兒，戌狗帶來了亥豬。亥豬平時被人看不起，他很高興能被邀請參加「軍事行動」。他知道，自己要參加「軍事行動」，必須先變成野豬。野豬沒人餵，在野外植物少的時候，用鼻子、嘴和獠牙挖植物的根吃。所以他得長出尖尖的獠牙。亥豬躲到豆苗後面，把鼻子伸進土裏，開始磨牙。他一磨牙，牙就開始拚命長。

亥豬開始磨牙

黃昏的時候，兩個士兵來了，帶了長矛和斧頭。走近豆秧，他們看到戌狗和亥豬。亥豬的嘴還扎在土裏。

兵甲說：「嗨，聽園丁說，我以為甚麼妖怪呢，原來是一隻笨狗，一頭蠢豬。那是畜牲，沒甚麼了不起。咱倆長矛一揮就把牠們嚇走了。」

兵乙說：「沒錯。畜牲除了吃就是睡，沒腦子。沒素質。」

腦子裏一團漿糊

「不像咱們，那個，那個……」兵甲眨巴眨巴眼睛，覺得腦子裏一團漿糊，忘了要說甚麼。

兵乙覺得世界很簡單，沒必要過腦子：「沒錯！咱們，上面叫咱們幹甚麼，咱們就幹甚麼。」

「沒錯！不像那個畜牲，你叫牠幹甚麼，牠不幹！」

亥豬在豆秧後面忽然從土裏拔出鼻子，他長了一對長長尖尖的獠牙，已經變成野豬了！兩個兵一看嚇了一跳！兵甲說：「家豬變野豬，連獅子老虎都怕！會吃人的！」

兵乙說：「那就是成妖精了。咱倆快逃命！」

士兵逃跑了。亥豬極為得意，繞着豆秧跑圓圈。他編了一首戰歌，讓子鼠拿了一張大葉子當戰鼓給他伴奏：

你可能覺得我肥豬，
脾氣好又糊塗，
從來都是傻瓜，
永遠逆來順受。
你以為我只會捱打，
你等我長出獠牙！
你等着，你等着，
你等我長出獠牙！

你以為我總怕你，

你一來我就會躲起，

你等着，你等着，

我已經長出了獠牙！

你等我長出獠牙！

聽到戰鼓聲，丑牛、寅虎、卯兔、辰龍、巳蛇、午馬、未羊、申猴、酉雞都趕來了。知道皇宮會派更多的兵來，他們都決定來保護豆秧。一會兒皇宮的軍團也來了，原野上滿是兵，拿着刀、弓箭、斧頭、長矛，還有大網。把豆秧和動物們圍了起來。豆秧怕極了，她渾身發抖。

大家都來了

子鼠說：「誰要是敢動我們的豆子，我就把他家糧食全部偷光，一粒不留！」

丑牛說：「我雖然沒有犄角，我的側踢可不是吃素的！」

寅虎站在丑牛背上說：「嗚盧嗚盧！我也不『吃樹』！」

卯兔說：「誰敢來追我，讓你跑斷腿！」

辰龍說：「我拿高壓龍頭沖死你！」

巳蛇說：「我五步之內毒死你！」

午馬說：「我還是足球射門手，一腳保證把你踢回皇宮裏去！」

未羊說：「我沒有甚麼戰鬥力，可是我一定跟大家站在一起。申猴，你可以站我背上。」

申猴說：「我的手很靈活，人的武器我都會用！」

酉雞說：「我們是恐龍的後代，能飛，能啄，能抓，讓我給你們點顏色看看！」

戌狗仰起頭，來了一段野狼嚎。

亥豬亮出獠牙，搖頭擺尾。

將軍看到這十二隻動物，「哼！」覺得皇宮派兵真是小題大做；不就是幾隻動物嘛！他指揮弓箭手們準備好射箭。他們都拉滿了弓。子鼠心想：「完了。還是跑吧。」

弓箭手準備射箭

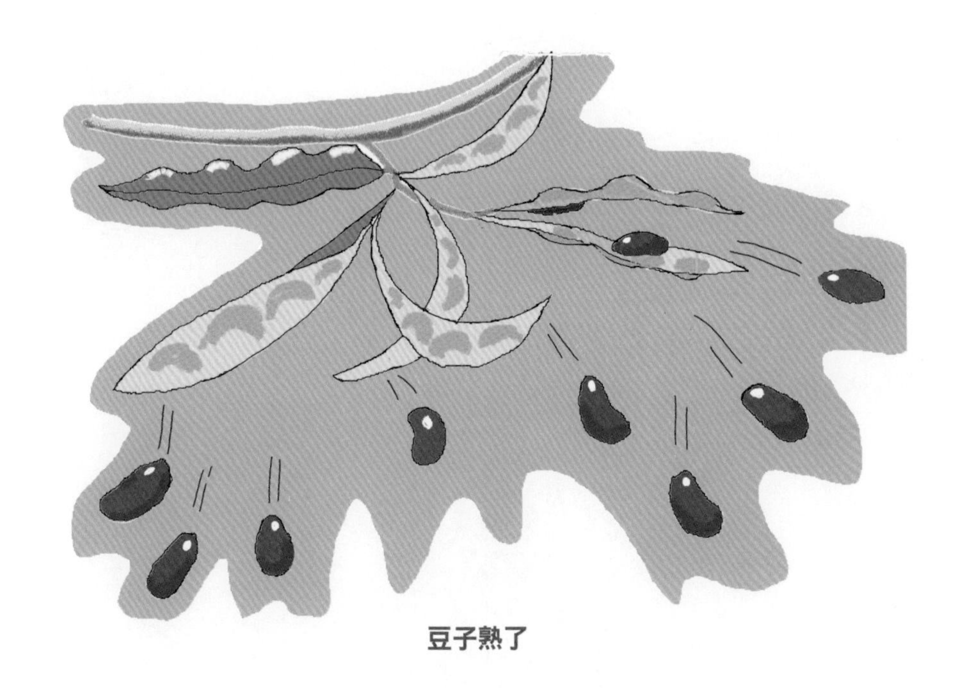

豆子熟了

這個時刻，四周一點聲音都沒有，靜得能聽到自己的心跳。忽然，啪啪啪！啪啪啪！嚇了大家一跳。

豆子熟了。濃濃的香氣馬上湧過來。豆子從豆莢裏跳出來，沉甸甸地落到地上。滿地都是，厚厚一層。士兵聞到豆香，忍不住放下武器，撿起豆子扔到嘴裏嚼起來；吃不飽飯的老百姓在家裏聞到了，拿了盆出來裝豆子，大口袋小口袋往家背。他們把豆子煮了當飯吃，吃完了就開了心竅。他們心中的迷霧散了，陽光照進來。他們開始有新的想法：自己怎麼活着更好，更健康，更快樂；怎麼把地球變成一個更美好的地方。

任憑皇帝在皇宮裏大叫，大家都把他忘了。

吃了豆子就打開了心竅

15
結語

一個新的時代開始了。子鼠得到了他像香大米那麼好的命運。其他動物也都得到了自由。

十二年過去，太歲星又來了。這次他看到的是一個所有國民素質都很高，和過去完全不同的國家。他說這十二隻參與種豆子的動物都非常了不起，於是他就用他們來命名十二個年：第一年是鼠年，第二年是牛年，第三年是虎年，等等等等，不斷輪迴。

子鼠說：「你知道明年是甚麼年嗎？」

責任編輯 楊歌
裝幀設計 陳先英
排版 陳先英
印務 劉漢舉

楊樹的故事
十二生肖與太歲星的豆子

楊熾 文/圖

出版 中華教育
香港北角英皇道四九九號北角工業大廈一樓B
電話：（852）2137 2338
傳真：（852）2713 8202
電子郵件：info@chunghwabook.com.hk
網址：http://www.chunghwabook.com.hk

發行 香港聯合書刊物流有限公司
香港新界荃灣德士古道220-248號
荃灣工業中心16樓
電話：（852）2150 2100
傳真：（852）2407 3062
電子郵件：info@suplogistics.com.hk

印刷 高科技印刷集團有限公司
香港葵涌和宜合道109號長榮工業大廈6樓

版次 2021 年 12 月第 1 版第 1 次印刷

規格 16 開（210mm×170mm）

ISBN 978-988-8760-18-3